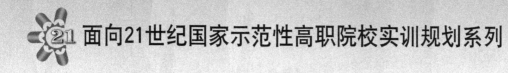
面向21世纪国家示范性高职院校实训规划系列

数控加工仿真
实训指导书

主　编　刘艳申
副主编　崔　静　李华芳
主　审　苏宏志

西安交通大学出版社
XI'AN JIAOTONG UNIVERSITY PRESS

内容简介

本实训指导书从现有的高职高专的教育出发,根据数控专业教学改革的要求,以数控车床、数控铣床(含加工中心)的应用为重点,选用目前应用学校和企业广泛使用的 FANUC(数控车)、华中世纪星(数控铣)数控系统为对象,介绍数控车床、数控铣床(含加工中心)的操作要领。本实训教材包含二个部分共十一个实训项目。第一部分为数控车部分,第二部分为数控铣床部分。主要针对数控车床和数控铣床(含加工中心)的操作和典型零件的工艺制定、程序编制以及典型零件的仿真加工。

本实训教材可作为高等职业院校、高等专科学校、职工大学、业余大学、函授大学等数控技术应用专业、机械制造专业、模具制造专业、机电一体化专业、计算机辅助设计专业的数控加工实训教材,也可作为从事数控机床编程和操作的技术人员的参考书。

图书在版编目(CIP)数据

数控加工仿真实训指导书/刘艳申主编. —西安:西安交通大学出版社,2014.8(2019.7重印)
ISBN 978-7-5605-6567-5

Ⅰ.①数… Ⅱ.①刘… Ⅲ.①数控机床-加工-计算机仿真-教材 Ⅳ.①TG659-39

中国版本图书馆 CIP 数据核字(2014)第 180955 号

书　　名	数控加工仿真实训指导书
主　　编	刘艳申
责任编辑	李　佳
出版发行	西安交通大学出版社 (西安市兴庆南路1号　邮政编码710048)
网　　址	http://www.xjtupress.com
电　　话	(029)82668357　82667874(发行中心) (029)82668315(总编办)
传　　真	(029)82668280
印　　刷	西安日报社印务中心
开　　本	787mm×1092mm　1/16　　印张　4.75　　字数　107千字
版次印次	2014年8月第1版　2019年7月第6次印刷
书　　号	ISBN 978-7-5605-6567-5
定　　价	11.90元

读者购书、书店添货,如发现印装质量问题,请与本社发行中心联系、调换。
订购热线:(029)82665248　(029)82665249
投稿热线:(029)82668133
读者信箱:xj_rwjg@126.com

版权所有　侵权必究

前 言

随着计算机技术、信息技术的迅猛发展，传统的制造业已发生了翻天覆地的变化，一些发达国家正进行着由传统的制造技术向现代制造技术的转变，并提出了全新的制造模式。数控加工技术作为现代制造技术的代表将逐步引领现代机械制造业的发展。在我国数控技术近些年的飞速发展和企业的普及应用造成企业需求大批数控技术人才。但是目前数控人才紧缺，特别是具有综合基础知识、解决数控技术工程实践问题的技工更为紧缺，这严重影响了企业的发展，作为具有数控专业的高职高专院校，必须加大数控人才的培养力度，加大相应实训设备的投入以满足社会需求。但是针对数控设备相对投入加大，因此数控加工仿真技术的引入可极大解决相关问题。

本实训教材主要针对高职高专数控技术应用专业、机械制造专业、模具制造专业、机电一体化专业、计算机辅助设计专业等专业人才培养的需求，以培养学生职业技术能力为核心，突出培养学生数控车床和数控铣床（含加工中心）的编程和操作能力。采用典型零件作为数控加工实例编写素材，让学生自己动手完成工艺制定、程序编制和零件仿真加工的过程。

本实训教材主要分两大部分：第一部分为实训一～实训六，主要介绍数控车床（FANUC系统）的操作、常用的编程指令；第二部分为实训七～实训十，主要介绍数控铣床（含加工中心，华中世纪星四代）的操作、典型零件的编程原理等。在学习过程中结合学生的实际学习情况，实训教师讲解软件的使用方法后可让学生独立完成从零件的工艺制定、程序编制和仿真加工，理论联系实际，可极大的促进学生学习的积极性。

本实训教材的主要特点：

1. 侧重于介绍采用常用数控系统的数控车床和数控铣床（含加工中心）的仿真软件的操作。

2. 采用典型零件作为实训任务以达到在尽可能短的时间内让学生能理论结合实际掌握相关的编程指令、编程方法。

3. 按照学生的认知及职业成长规律合理编排实训内容。每个任务中都包含实训目的、预习要求、实训仪器、实训原理、实训内容、实训步骤、注意事项、实训思考和实训报告要求。任务难度由简单到复杂，由单一到综合，具有很强的范例性、可操作性和可迁移性。

本实训教材由陕西工业职业技术学院刘艳申老师任主编，崔静、李华芳任副主编。刘艳申老师编写了实训一、二、三、四、五、六、十一和参考文献；崔静老师编写了实训七、八，李华芳老师编写了实训九、十。陕西工业职业技术学院苏宏志作为审阅了全书，并提出了许多宝贵意见和建议，在此深表感谢。

由于作者水平有限，书中难免存在不足之处，敬请读者批评指正，并将意见和建议反馈给我们，以便修订时改进。

编　者

2013 年 8 月

目 录

实训一　上海宇龙仿真软件数控车削加工实训 …………………………………………（1）

实训二　单一循环 G90、G94 指令的加工实训 …………………………………………（18）

实训三　G71、G70 指令的加工实训 ……………………………………………………（21）

实训四　G72、G70 指令的加工实训 ……………………………………………………（24）

实训五　G73、G70、G92、G76 指令的加工练习实训 …………………………………（27）

实训六　数控车削加工综合练习实训 ……………………………………………………（31）

实训七　上海宇龙仿真软件铣削加工实训 ………………………………………………（33）

实训八　凸台类零件仿真加工实训 ………………………………………………………（56）

实训九　槽类零件仿真加工实训 …………………………………………………………（59）

实训十　孔类零件仿真加工实训 …………………………………………………………（63）

实训十一　自由练习实训 …………………………………………………………………（66）

实训报告 ……………………………………………………………………………………（67）

参考文献 ……………………………………………………………………………………（69）

实训一　上海宇龙仿真软件数控车削加工实训

指导老师_____　班级_____　学生姓名_____　学号_____

一、实训目的

(1)能够熟悉数控加工仿真软件的操作步骤。
(2)能够掌握数控加工仿真软件各个按钮的功能。
(3)能够掌握数控加工仿真软件数控铣削加工机床的工件和刀具的安装、对刀、程序的调入、走刀路线的检测及自动加工。

二、预习要求

学生自己上网搜索关于上海宇龙仿真软件关于数控车床(FANUC 0i Mate 系统)操作的相关内容。

三、实训仪器

(1)联想电脑(启天 M430E)52 台。
(2)上海宇龙仿真软件 V4.8.20100908 版(50 节点)。

 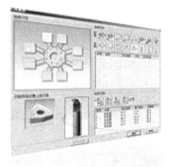 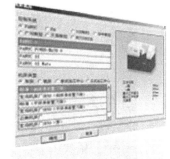

图 1-1　上海宇龙仿真系统

四、实验原理

该软件数控车加工部分模拟整个数控车床的加工过程。
在数控车床上,可以进行工件的外表面、端面、内表面以及内外螺纹的加工。在切削过程中,刀具和工件之间必须具有相对运动,这种相对运动称为切削运动。根据切削运动在切削过程中的作用不同可以分为主运动和进给运动。

1. 主运动

主运动是指机床提供的主要运动。主运动使刀具和工件之间产生相对运动,从而使刀具的前刀面接近工件并对工件进行切削。在车床上,主运动是机床上主轴的回转运动,即车削加工时工件的旋转运动。

2. 进给运动

进给运动是指由机床提供的使刀具与工件之间产生的附加相对运动。进给运动与主运动相配合,可以形成完整的切削加工。在普通车床上,进给运动是机床刀架(溜板)的直线移动。它可以是纵向的移动(与机床主轴轴线平行),也可以是横向的移动(与机床主轴轴线垂直),但只能是一个方向的移动。在数控车床上,数控车床可以同时实现两个方向的进给,从而加工出各种具有复杂母线的回转体工件。

在数控车床中,主运动和进给运动是由不同的电机来驱动的,分别称为主轴电机和坐标轴伺服电机。它们由机床的控制系统进行控制,自动完成切削加工。

五、实训内容

熟悉数控仿真软件车削加工机床面板上各部分的功能以及各个按钮的作用。

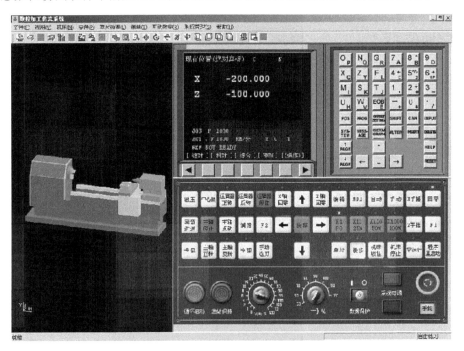

图 1-2　数控仿真软件车削加工界面

六、实验步骤

该软件可以仿真现实中的数控机床的相应操作，数控车削加工仿真相应的操作步骤为：

1. 进入系统

依次点击"开始"——"程序"——"数控加工仿真系统"——"数控加工仿真系统"或者点击桌面上 ，系统将弹出如下图所示的"用户登录"界面。

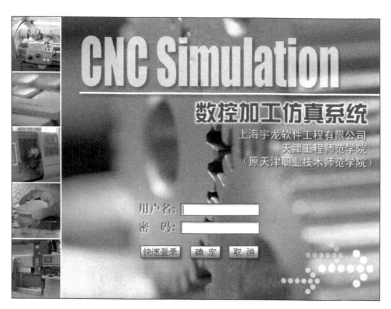

然后点击快速登陆即可进入到数控加工仿真系统。

2. 选择机床类型

打开菜单"机床/选择机床…"或者在工具条上选择 ，在选择机床对话框中选择控制系统类型和相应的机床并按确定按钮，此时界面如图 1-3 所示。

首先选择控制系统 FANUC，并从所有的 FANUC 系统中选择 FANUC 0i Mate 系统；接着选择机床的类型"车床"；最后选择数控机床的制造厂商"沈阳机床厂 CAK6136V。点击确定机床选择完成。所选的机床界面如图 1-4 所示。

3. 定义毛坯

打开菜单"零件/定义毛坯"或在工具条上选择" "，系统打开图 1-5 对话框。

1) 名字输入

在毛坯名字输入框内输入毛坯名，也可使用缺省值。

2) 设定毛坯的材料

系统共提供 5 种毛坯材料：低碳钢、不锈钢、铸铁、铝和 45♯钢。

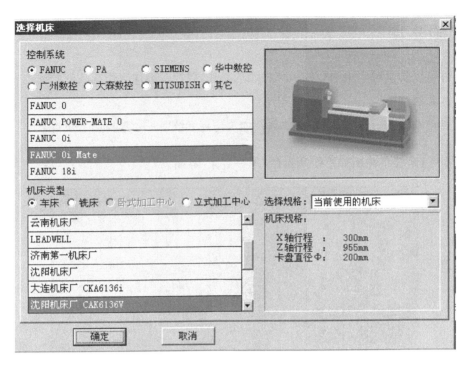

图 1-3　选择机床

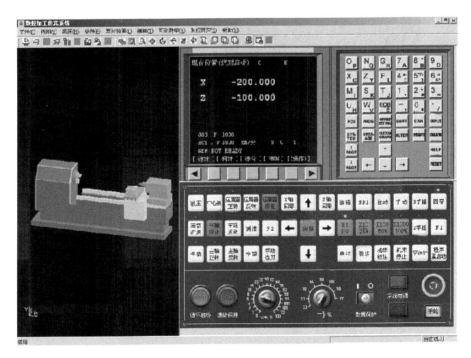

图 1-4　机床界面

3)选择毛坯形状

提供圆柱形毛坯和 U 形毛坯。U 形毛坯是加工内圆时选择的。

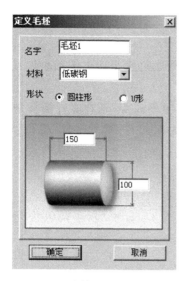 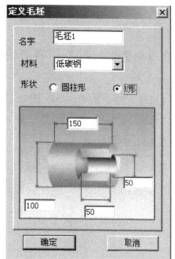

圆柱形毛坯　　　　　　　　U形毛坯

图1-5　选择毛坯

4）参数输入

然后根据零件图设定毛坯的参数。加工外圆的时候注意长度要稍微长一些,给卡盘留下一定的夹持位置。

最后点确定退出。

4. 放置零件

打开菜单"零件/放置零件"命令或者在工具条上选择图标 ,系统弹出操作对话框。如图1-6所示。

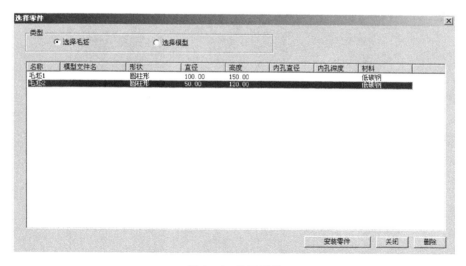

图1-6　放置零件

点击要加工的毛坯(点击后会显示为蓝色),然后点安装零件。

5.调整零件位置

安装零件后会自动弹出如图1-7所示的一个小键盘。通过按动小键盘上的方向 、按钮实现零件的平移,按动 按钮实现零件调头(用在零件需要加工两头的情况)。小键盘上的"退出"按钮用于关闭小键盘。选择菜单"零件/移动零件"也可以打开小键盘。请在执行其他操作前关闭小键盘。

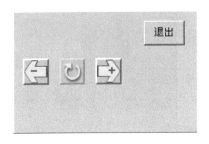

图1-7 零件调整小键盘

6.拆除零件

零件加工完毕或者零件装夹有错误,需先拆除零件再安装另一个零件。打开菜单"零件/拆除零件"即可完成拆除零件。

7.选择刀具

打开菜单"机床/选择刀具"或者在工具条中选择" ",系统弹出刀具选择对话框,如图1-8所示。

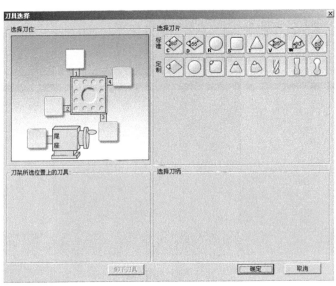

图1-8 刀具选择

(1)选择、安装车刀。

①在刀架图中点击所需的刀位,该刀位对应程序中的T01~T04;

②选择刀片类型;

③在刀片列表框中选择刀片;

④选择刀柄类型;

⑤在刀柄列表框中选择刀柄。

(2)变更刀具长度和刀尖半径:"选择车刀"完成后,该界面的左下部位显示出刀架所选位置上的刀具。其中显示的"刀具长度"和"刀尖半径"均可以由操作者修改。

(3)拆除刀具:在刀架图中点击要拆除刀具的刀位,点击"卸下刀具"按钮。

(4)确认操作完成:点击"确认"按钮。

8. FUNAC OI MATE 沈阳机床厂 CAK6136V 车床操作

图1-9 FANUC OI MATE 沈阳机床厂 CAK6136V 车床面板

1)面板按钮说明

面板按钮说明见表1-1。

表1-1 面板按钮说明

按钮		名称	功能说明
操作模式	编辑	编辑	按此按钮,系统可进入程序编辑状态,用于直接通过操作面板输入数控程序和编辑程序
	MDI	MDI	按此按钮,系统可进入MDI模式,手动输入并执行指令
	自动	自动	按此按钮,系统可进入自动加工模式
	手动	手动	按此按钮,系统可进入手动模式,手动连续移动机床

续表 1-1

按钮		名称	功能说明
操作模式	X手摇	X手摇	按此按钮,系统可进入手轮/手动点动模式,并且进给轴向为X轴
	Z手摇	Z手摇	按此按钮,系统可进入手轮/手动点动模式,并且进给轴向为Z轴
	回零	回零	按此按钮,系统可进入回零模式
	X1 X10 X100 X1000 F0 25% 50% 100%	手动点动/手轮倍率	在手动点动或手轮模式下按此按钮,可以改变步进倍率
	F1		暂不支持
	单段	单段	此按钮被按下后,运行程序时每次执行一条数控指令
	跳步	跳步	此按钮被按下后,数控程序中的注释符号"/"有效
	机床锁住	机床锁住	按此按钮后,机床锁住无法移动
	机床停止	机床复位	按此按钮,机床可进行复位
	空运行	空运行	系统进入空运行模式
	程序重启动	程序重启动	暂不支持
系统电源		电源开	按此按钮,系统总电源开。
		电源关	按此按钮,系统总电源关。
		数据保护	按此按钮可以切换允许/禁止程序执行
		急停按钮	按下急停按钮,使机床移动立即停止,并且所有的输出如主轴的转动等都会关闭
	手轮	手轮	按此按钮可以显示或隐藏手轮
	液压	液压	暂不支持
	中心架	中心架	暂不支持

续表 1-1

按钮		名称	功能说明
主轴正转		程序重启动	暂不支持
运屑器反转		运屑器反转	暂不支持
运屑器停住		运屑器停住	暂不支持
套筒进退		套筒进退	暂不支持
主轴控制	主轴停止	主轴停止	控制主轴停止转动
	主轴正转	主轴正转	控制主轴正转
	主轴反转	主轴反转	控制主轴反转
	主轴点动	主轴点动	暂不支持
润滑			暂不支持
F2			暂不支持
冷却			暂不支持
手动选刀		手动选刀	按此按钮，可以旋转刀架至所需刀具
		循环启动	程序运行开始；系统处于"自动运行"或"MDI"位置时按下有效，其余模式下使用无效
		进给保持	程序运行暂停，在程序运行过程中，按下此按钮运行暂停。按"循环启动"恢复运行
↑		X 负方向按钮	手动方式下，点击该按钮主轴向 X 轴负方向移动
↓		X 正方向按钮	手动方式下，点击该按钮主轴将向 X 正方向移动
←		Z 负方向按钮	手动方式下，点击该按钮主轴向 Z 轴负方向移动
快移		Z 正方向按钮	手动方式下，点击该按钮主轴将向 Z 正方向移动
快移		快速移动按钮	点击该按钮系统进入手动快速移动模式
		手轮	将光标移至此旋钮上后，通过点击鼠标的左键或右键来转动手轮
		进给倍率	调节主轴运行时的进给速度倍率
		主轴倍率	通过此旋钮可以调节主轴转速倍率。

9

2)车床准备

(1)激活车床。

点击系统电源启动按钮 ▢ ,系统总电源开。

检查"急停"按钮是否松开至 ◉ 状态,若未松开,点击"急停"按钮 ◉ ,将其松开。

(2)车床回参考点。

检查操作面板上的回零按钮 回零 指示灯是否亮,若指示灯已亮,则已进入回零模式;否则点击按钮使系统进入回零模式。

在回零模式下,先将 X 轴回原点,点击操作面板上的"X 正方向"按钮 ↓ ,此时 X 轴将回原点,回零指示灯 X轴回零 变亮,CRT 上的 X 坐标变为"600.00"。同样,再点击"Z 正方向"按钮,点击 → ,Z 轴将回原点,回零指示灯 Z轴回零 变亮,CRT 上的 X 坐标变为"1010.00"。此时 CRT 界面如图 1-10 所示。

图 1-10 机床 CRT 回零后界面

3)对刀

数控程序一般按工件坐标系编程,对刀的过程就是建立工件坐标系与机床坐标系之间关系的过程。下面具体说明车床对刀的方法。其中将工件右端面中心点设为工件坐标系原点。将工件上其它点设为工件坐标系原点的方法与对刀方法类似。

(1)试切法设置 G54~G59

测量工件原点,直接输入工件坐标系 G54~G59

①切削外径:点击机床面板上的手动按钮 手动 ,指示灯亮,系统进入手动操作模式。点击控制面板上的 ↓ 或 ↑ ,使机床在 X 轴方向移动;同样按 → 或 ← ,使机床在 Z 轴方向移动。通过手动方式将机床移到如图 1-11 所示的大致位置。

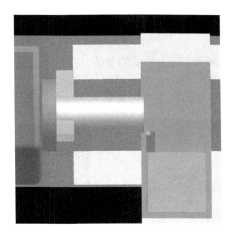

图 1-11 手动调整刀具与工件之间位置

点击操作面板上的 主轴正转 或 主轴反转 按钮,使其指示灯变亮,主轴转动。再点击"Z 负轴方向"按钮 ←,用所选刀具来试切工件外圆,如图 1-12 所示。然后按 → 按钮,X 方向保持不动,刀具退出。

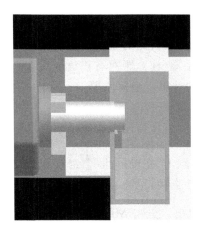

图 1-12 刀具轴向试切工件

②测量切削位置的直径:点击操作面板上的 主轴停止 按钮,使主轴停止转动,点击菜单"测量/剖面图测量"如图 1-15 所示,点击试切外圆时所切线段,选中的线段由红色变为黄色。记下下面对话框中对应的 X 的值 α。

③按下控制箱键盘上的 OFFSET SETTING 键。

④把光标定位在需要设定的坐标系上。

⑤光标移到 X。

⑥输入直径值 α。

⑦按菜单软键[测量],通过软键[操作]进入此菜单。

⑧切削端面：点击操作面板上的[主轴正转]或[主轴反转]按钮，使其指示灯变亮，主轴转动。将刀具移至如图 1-13 的位置，点击控制面板上的"X 轴负方向"[↑]按钮，切削工件端面。如图 1-14 所示。然后按"X 轴正方向"[↓]按钮，Z 方向保持不动，刀具退出。

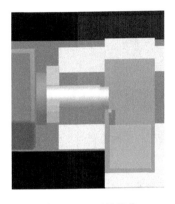 

图 1-13 刀具定位　　　　图 1-14 刀具径向试切工件

⑨点击操作面板上的"主轴停止"按钮[主轴停止]，使主轴停止转动。
⑩把光标定位在需要设定的坐标系上。
⑪在 MDI 键盘面板上按下需要设定的轴"Z"键。
⑫输入工件坐标系原点的距离（注意距离有正负号）。
⑬按菜单软键[测量]，自动计算出坐标值填入。

(2) 测量、输入刀具偏移量。

使用这个方法对刀，在程序中直接使用机床坐标系原点作为工件坐标系原点。

用所选刀具试切工件外圆，点击"主轴停止"[主轴停止]按钮，使主轴停止转动，点击菜单"测量/剖面图测量"，得到试切后的工件直径，记为 α。

保持 X 轴方向不动，刀具退出。点击 MDI 键盘上的[OFFSET SETTING]键，进入形状补偿参数设定界面，将光标移到相应的位置，输入 Xα，按菜单软键[测量]（如图 1-16）输入。

试切工件端面，读出端面在工件坐标系中 Z 的坐标值，记为 β（此处以工件端面中心点为工件坐标系原点，则 β 为 0）。

保持 Z 轴方向不动，刀具退出。进入形状补偿参数设定界面，将光标移到相应的位置，输入 Zβ，按[测量]软键（如图 1-16）输入到指定区域。

(3) 设置偏置值完成多把刀具对刀。

方法一：

选择一把刀为标准刀具，采用试切法或自动设置坐标系法完成对刀，把工件坐标系原点放入 G54～G59，然后通过设置偏置值完成其它刀具的对刀，下面介绍刀具偏置值的获取办法。

点击 MDI 键盘上[POS]键和[相对]软键，进入相对坐标显示界面，如图 1-17 所示。

选定的标刀试切工件端面，将刀具当前的 Z 轴位置设为相对零点（设零前不得有 Z 轴位移）。

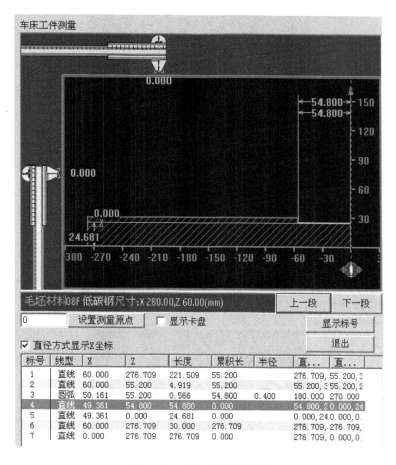

图 1-15 测量/剖面图测量

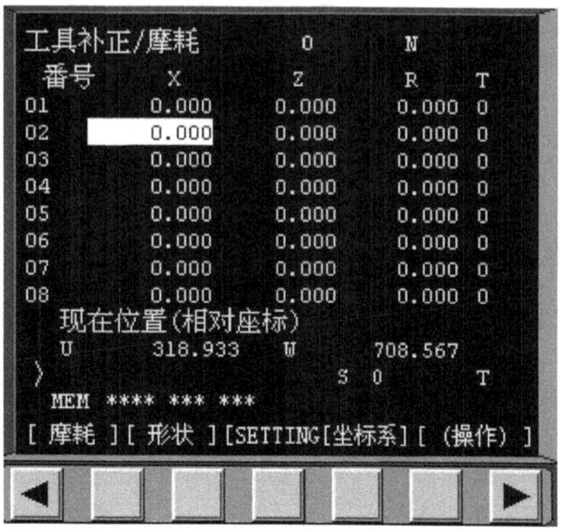

图 1-16 对刀参数输入

依次点击 MDI 键盘上的 , 输入"W0",按[预定]键,则将 Z 轴当前坐标值设为相对坐标原点。

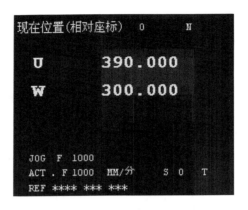

图1-17 相对坐标显示界面

标刀试切零件外圆,将刀具当前X轴的位置设为相对零点(设零前不得有X轴的位移):依次点击MDI键盘上的 U_H,O_*输入"U0",按[预定]键,则将X轴当前坐标值设为相对坐标原点。此时CRT界面如图1-18所示。

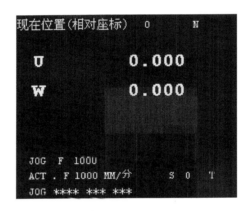

图1-18 相对坐标原点设定

换刀后,移动刀具使刀尖分别与标准刀切削过的表面接触。接触时显示的相对值,即为该刀相对于标刀的偏置值△X,△Z。(为保证刀准确移到工件的基准点上,可采用手动脉冲进给方式)此时CRT界面如图1-19所示,所显示的值即为偏置值。

将偏置值输入到磨耗参数补偿表或形状参数补偿表内。

注:MDI键盘上的 键用来切换字母键,如 键,直接按下输入的是"W",按 键,再按 ,输入的是"V"。

方法二:

分别对每一把刀测量、输入刀具偏移量。

4)手动操作

(1)手动/连续方式。

点击机床面板上的手动按钮 ,机床进入手动操作模式。

图1-19 偏置值显示

分别点击 ↑，↓，←，→ 按钮，控制机床的移动方向和坐标轴。

点击 主轴正转 主轴反转 主轴停止，控制主轴的转动和停止

注：刀具切削零件时，主轴需转动。加工过程中刀具与零件发生非正常碰撞后（非正常碰撞包括车刀的刀柄与零件发生碰撞；铣刀与夹具发生碰撞等），系统弹出警告对话框，同时主轴自动停止转动，调整到适当位置，继续加工时需再次点击 主轴正转 或 主轴反转 按钮，使主轴重新转动。

（2）手动脉冲方式。

在手动/连续方式或在对刀时，需精确调节机床时，可用手动脉冲方式调节机床。

点击操作面板上的"手摇"旋钮 X手摇 或 Z手摇，系统进入手摇方式。此外，通过倍率按钮 X1 F0 X10 25% X100 50% X1000 100% 选择不同的脉冲步长。

点击 ↓ 或 ↑ 将设置手轮的进给轴为X轴，点击 → 或 ← 将设置手轮进给轴为Z轴。

鼠标对准手轮 ⊙，点击左键或右键，精确控制机床的移动。

点击 主轴正转 主轴反转 主轴停止，控制主轴的转动和停止。

（3）手动/点动方式。

在手动/连续方式或在对刀时，需精确调节机床时，可用手动脉冲方式调节机床。

点击操作面板上的模式选择旋钮，系统进入手动脉冲方式。此外，通过倍率按钮 X1 X10 X100 选择不同的点动步长。

点击 X↓，X↑，→Z 或 Z←，将实现手动/点动精确控制机床的移动。

点击 正转 停止 反转，控制主轴的转动和停止。

5）自动加工方式

（1）自动/连续方式。

自动加工流程：

检查机床是否回零,若未回零,先将机床回零。

导入数控程序或自行编写一段程序。

点击操作面板上的"自动"按钮,系统进入自动运行状态。

点击操作面板上的循环启动按钮,程序开始自动执行。

中断运行:

数控程序在运行过程中可根据需要暂停,急停和重新运行。

数控程序在运行时,按进给保持按钮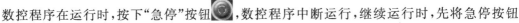,程序停止执行;再点击循环启动按钮,程序从暂停位置开始执行。

数控程序在运行时,按下"急停"按钮 ,数控程序中断运行,继续运行时,先将急停按钮松开,再按"循环启动"按钮 ,余下的数控程序从中断行开始作为一个独立的程序执行。

(2)自动/单段方式。

检查机床是否机床回零。若未回零,先将机床回零。

再导入数控程序或自行编写一段程序。

点击操作面板上的"自动"按钮,系统进入自动运行状态。

点击操作面板上的"单段"按钮,指示灯变亮。

点击操作面板上的"循环启动"按钮 ,程序开始执行。

注:自动/单段方式执行每一行程序均需点击一次"循环启动" 按钮;

可以通过"进给倍率"旋钮 来调节主轴移动的速度;

按 键可将程序重置。

(3)检查运行轨迹。

程序导入后,可检查运行轨迹。

点击操作面板上的"自动"按 ,系统进入自动运行状态。点击MDI键盘上的 按钮,点击数字/字母键,输入"Ox"(x为所需要检查运行轨迹的数控程序号),按 开始搜索,找到后,程序显示在CRT界面上。点击 按钮,进入检查运行轨迹模式,点击操作面板上的"循环启动"按钮 ,即可观察数控程序的运行轨迹,此时也可通过"视图"菜单中的动态旋转、动态放缩、动态平移等方式对三维运行轨迹进行全方位的动态观察。

七、注意事项

(1)严格按照数控车床操作步骤进行实训。
(2)数控车床通电后要先回零再进行其他操作。
(3)视图转换要看清楚坐标平面。
(4)毛坯的设定、刀具的选择。
(5)程序的输入和修改必须是在编辑状态下进行。
(6)对刀操作步骤及参数输入。

八、实训思考

(1)为什么要进行开机回零。
(2)标准刀对刀法的优点。

九、实训报告要求

本次实训报告中应包含以下内容:
(1)上海宇龙仿真软件关于数控车削加工机床的使用。
(2)通过本次实训有哪些收获和体会。

实训二　单一循环 G90、G94 指令的加工实训

指导老师_____　班级_____　学生姓名_____　学号_____

一、实训目的

(1)能够熟悉熟练应用数控加工仿真软件。
(2)能够编制根据要求所用指令编写出典型零件的加工程序。
(3)能够利用电脑基本功能抓出走刀路线和仿真加工结果图图形。

二、预习要求

预习《数控机床与应用》[①]课程中关于单一循环 G90 和 G94 指令的用法,并对实验前预先所给零件图纸编写数控车加工程序。

三、实训仪器

(1)联想电脑(启天 M430E)52 台。
(2)上海宇龙仿真软件 V4.8.20100908 版(50 节点)。

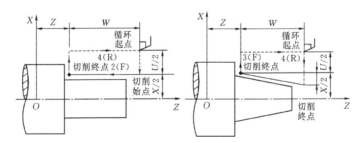

图 2-1　G90 指令加工圆柱面和圆锥面走刀路线图

四、实验原理

1.G90 指令格式及走刀路线图

圆柱面切削指令格式:G90 X(U)__ Z(W)__ F__ ;
圆锥面切削指令格式:G90 X(U)__ Z(W)__ R__ F__ 。

---

① 作者所在院校使用教材:苏宏志,杨辉.数控机床与应用.上海:复旦大学出版社,2010.

2. G94 指令格式及走刀路线图

平端面切削指令格式：G94 X(U)＿ Z(W)＿ F＿ ；
锥形端面切削指令格式：G94 X(U)＿ Z(W)＿ R＿ F＿ 。

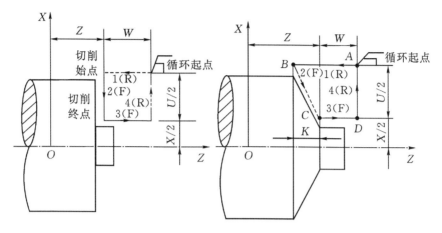

图 2-2　G94 指令加工平端面和锥形端面走刀路线图

五、实训内容

应用 G94 指令加工 $\Phi 35$ 部分，应用 G90 指令加工 $\Phi 42$ 部分。

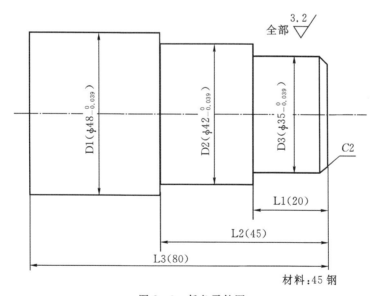

图 2-3　任务零件图

六、实验步骤

(1) 分析本次实训任务零件图；

图 2-4 任务零件外形图

(2)制定本次实训任务的数控加工工艺,并填写工艺卡片;
(3)编制本次实训任务的加工程序;
(4)仿真软件操作,实现本次实训任务的仿真加工;
(5)对加工出的零件进行测量;
(6)根据测量结果和本次实训任务的零件图比较,分析出现的问题和做的好的地方。

七、注意事项

(1)严格按照数控车床操作步骤进行实训;
(2)数控车床通电后要先回零再进行其他操作;
(3)视图转换要看坐标系平面;
(4)毛坯的设定、刀具的选择;
(5)程序的输入和修改必须是在编辑状态下进行;
(6)对刀操作步骤及参数输入;
(7)加工之前一定要进行程序检验。

八、实训思考

(1)G90 指令的应用范围;
(2)G94 指令的应用范围。

九、实训报告要求

本次实训报告中应包含以下内容:
(1)本次实训任务的数控工序卡及数控刀具卡。
(2)编制的本次实训任务的加工程序。
(3)本次实训任务的走刀路线图。
(4)本次实训任务的仿真加工结果图。
(5)通过本次实训有哪些收获和体会。

实训三 G71、G70 指令的加工实训

指导老师_____ 班级_____ 学生姓名_____ 学号_____

一、实训目的

(1)能够熟悉熟练应用数控加工仿真软件。
(2)能够编制根据要求所用指令编写出典型零件的加工程序。
(3)能够利用电脑基本功能抓出走刀路线和仿真加工结果图图形。

二、预习要求

预习《数控机床与应用》课程中关于单一循环 G71 和 G70 指令的用法,并对实验前预先所给零件图纸编写数控车加工程序。

三、实训仪器

(1)联想电脑(启天 M430E)52 台。
(2)上海宇龙仿真软件 V4.8.20100908 版(50 节点)。

四、实验原理

粗车循环 G71(适用于切削棒料毛坯的大部分加工余量),其格式为:
  G71 U(△d)R(e);
  G71 P(ns)Q(nf)U(△ u)W(△ w)F ___ ;

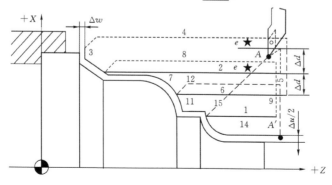

图 3-1 G71 指令走刀路线图

五、实训内容

应用 G71 指令、G70 指令加工：

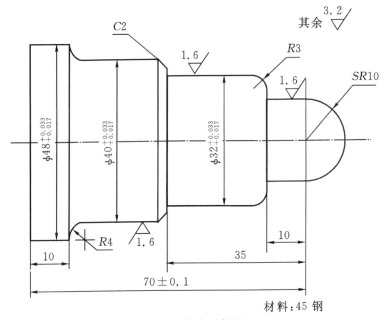

图 3-2 任务零件图

图 3-3 任务零件外形图

六、实验步骤

(1)分析本次实训任务零件图；
(2)制定本次实训任务的数控加工工艺，并填写工艺卡片；
(3)编制本次实训任务的加工程序；
(4)仿真软件操作，实现本次实训任务的仿真加工；
(5)对加工出的零件进行测量；

(6)根据测量结果和本次实训任务的零件图比较,分析出现的问题和做的好的地方。

七、注意事项

(1)程序编制过程中需要注意循环起点的设定。
(2)G71指令在编制程序过程中参数的设定。
(3)加工之前一定要进行程序检验。

八、实训思考

(1)G71指令的应用范围。
(2)G71指令加工内轮廓相比加工外轮廓应该注意什么。

九、实训报告要求

本次实训报告中应包含以下内容:
(1)本次实训任务的数控工序卡及数控刀具卡。
(2)编制的本次实训任务的加工程序。
(3)本次实训任务的走刀路线图。
(4)本次实训任务的仿真加工结果图。
(5)通过本次实训有哪些收获和体会。

实训四 G72、G70 指令的加工实训

指导老师_____ 班级_____ 学生姓名_____ 学号_____

一、实训目的

(1)能够熟悉熟练应用数控加工仿真软件。
(2)能够编制根据要求所用指令编写出典型零件的加工程序。
(3)能够利用电脑基本功能抓出走刀路线和仿真加工结果图图形。

二、预习要求

预习《数控机床与应用》课程中关于单一循环 G72 和 G70 指令的用法,并对实验前预先所给零件图纸编写数控车加工程序。

三、实训仪器

(1)联想电脑(启天 M430E)52 台。
(2)上海宇龙仿真软件 V4.8.20100908 版(50 节点)。

四、实验原理

端面粗加工复合固定循环指令 G72,指令格式为:
G72 W(Δd) R (e);
G72 P(ns) Q(nf) U(Δu) W(Δw) F__ S__ T__ ;

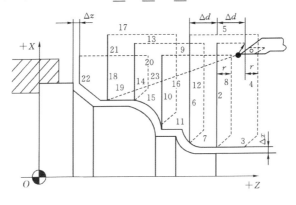

图 4-1 G72 指令走刀路线图

五、实训内容

G72、G70 指令加工：

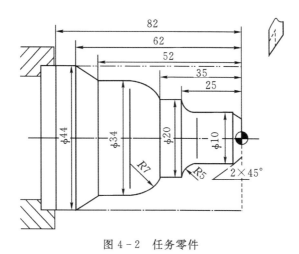

图 4-2 任务零件

六、实验步骤

(1)分析本次实训任务零件图；
(2)制定本次实训任务的数控加工工艺，并填写工艺卡片；
(3)编制本次实训任务的加工程序；
(4)仿真软件操作，实现本次实训任务的仿真加工；
(5)对加工出的零件进行测量；
(6)根据测量结果和本次实训任务的零件图比较，分析出现的问题和做的好的地方。

七、注意事项

(1)程序编制过程中需要注意循环起点的设定。
(2)G72 指令在编制程序过程中参数的设定。
(3)加工之前一定要进行程序检验。

八、实训思考

(1)G72 指令的应用范围。
(2)G72 指令加工内轮廓相比加工外轮廓应该注意什么。

九、实训报告要求

本次实训报告中应包含以下内容:
(1)本次实训任务的数控工序卡及数控刀具卡。
(2)编制的本次实训任务的加工程序。
(3)本次实训任务的走刀路线图。
(4)本次实训任务的仿真加工结果图。
(5)通过本次实训有哪些收获和体会。

实训五 G73、G70、G92、G76 指令的加工练习实训

指导老师_____ 班级_____ 学生姓名_____ 学号_____

一、实训目的

(1)能够熟悉熟练应用数控加工仿真软件。
(2)能够编制根据要求所用指令编写出典型零件的加工程序。
(3)能够利用电脑基本功能抓出走刀路线和仿真加工结果图图形。

二、预习要求

预习《数控机床与应用》课程中关于单一循环 G73 和 G70 指令的用法以及螺纹加工指令 G92 和 G76 指令的用法,并对实验前预先所给零件图纸编写数控车加工程序。

三、实训仪器

(1)联想电脑(启天 M430E)52 台。
(2)上海宇龙仿真软件 V4.8.20100908 版(50 节点)。

四、实验原理

1. 封闭轮廓复合循环指令 G73

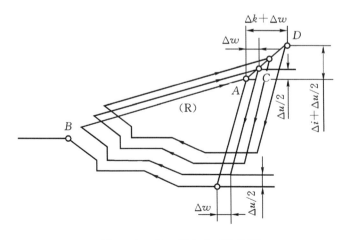

图 5-1 G73 指令走刀路线图

格式:G73 U(Δi)W(Δk)R(d);
　　　G73 P(ns)Q(nf)U(Δu) W(Δw)F___S___T___;

2. G92指令及走刀路线图

G92　X(U)___Z(W)___R___F___；

(注:直螺纹时 R 为 0,可省略；当为锥螺纹时参照 G90 加工锥面时 R 值的计算)

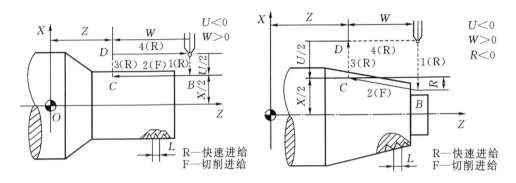

图 5-2　G92指令加工圆柱螺纹和圆锥螺纹的走刀路线图

3. G76指令及走刀路线图

格式:G76　P(m)(r)(a)Q(Δdmin)R(d);
　　　G76　X(u)_Z(w)_R(i)P(k)Q(Δd)F(L);

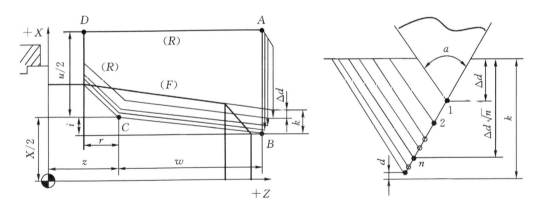

图 5-3　G76指令走刀路线图

五、实训内容

G73指令、G70指令、G92(螺距为2)和G76(螺距为3)指令指令加工：

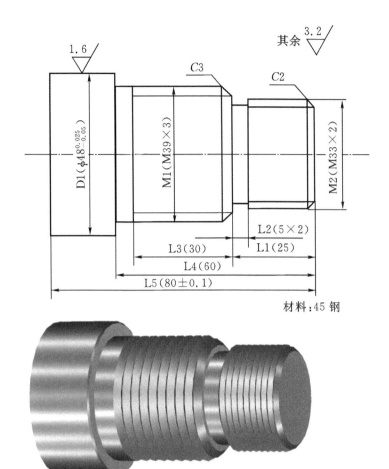

图 5-4 任务零件

六、实验步骤

(1)分析本次实训任务零件图;
(2)制定本次实训任务的数控加工工艺,并填写工艺卡片;
(3)编制本次实训任务的加工程序;
(4)仿真软件操作,实现本次实训任务的仿真加工;
(5)对加工出的零件进行测量;
(6)根据测量结果和本次实训任务的零件图比较,分析出现的问题和做的好的地方。

七、注意事项

(1)程序编制过程中需要注意循环起点的设定(包含 G73、G70、G92 和 G76 指令)。
(2)G73、G92 和 G76 指令在编制程序过程中参数的设定。
(3)加工之前一定要进行程序检验。

八、实训思考

(1)G73、G92 和 G76 指令的应用范围。
(2)G92 和 G76 指令加工内螺纹相比加工外螺纹应该注意什么?
(3)G92 和 G76 指令的区别。

九、实训报告要求

本次实训报告中应包含以下内容:
(1)本次实训任务的数控工序卡及数控刀具卡。
(2)编制的本次实训任务的加工程序。
(3)本次实训任务的走刀路线图。
(4)本次实训任务的仿真加工结果图。
(5)通过本次实训有哪些收获和体会。

实训六 数控车削加工综合练习实训

指导老师_____ 班级_____ 学生姓名_____ 学号_____

一、实训目的

(1)能够熟悉熟练应用数控加工仿真软件。
(2)能够根据自己所学知识编写出典型零件的加工程序。
(3)能够利用电脑基本功能抓出走刀路线和仿真加工结果图图形。
(4)回顾总结数控车削加工训练内容。

二、实训仪器

(1)联想电脑(启天 M430E)52 台。
(2)上海宇龙仿真软件 V4.8.20100908 版(50 节点)。

三、实训内容

综合练习:G73 粗加工外圆、G70 精加工,G92 指令加工螺纹。毛坯 Φ50×120。

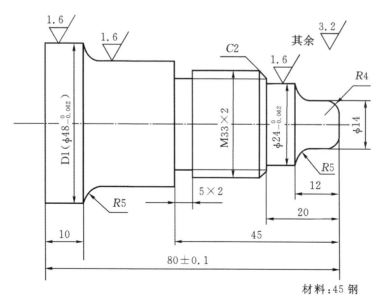

图 6-1 任务零件图

图 6-2 任务零件外形图

四、实验步骤

(1)分析本次实训任务零件图;
(2)制定本次实训任务的数控加工工艺,并填写工艺卡片;
(3)编制本次实训任务的加工程序;
(4)仿真软件操作,实现本次实训任务的仿真加工;
(5)对加工出的零件进行测量;
(6)根据测量结果和本次实训任务的零件图比较,分析出现的问题和做的好的地方。

五、注意事项

(1)避免出现前面实训过程中出现的问题。
(2)按照各个粗加工指令的加工范围选择合适的指令以及相关参数正确的设置。

六、实训思考

(1)如何选择合适的加工指令。
(2)数控车削加工的特点。

七、实训报告要求

本次实训报告中应包含以下内容:
1. 本次实训任务的数控工序卡及数控刀具卡。
2. 编制的本次实训任务的加工程序。
3. 本次实训任务的走刀路线图。
4. 本次实训任务的仿真加工结果图。
5. 通过本次实训有哪些收获和体会。

实训七 上海宇龙仿真软件铣削加工实训

指导老师_____ 班级_____ 学生姓名_____ 学号_____

一、实训目的

(1)能够熟悉数控加工仿真软件的操作步骤。
(2)能够掌握数控加工仿真软件各个按钮的功能。
(3)能够掌握数控加工仿真软件数控铣削加工机床的工件和刀具的安装、对刀、程序的调入、走刀路线的检测及自动加工。

二、预习要求

学生自己上网搜索关于上海宇龙仿真软件关于数控铣床(系统为华中世纪星四代)操作的相关内容。

三、实训仪器

(1)联想电脑(启天 M430E)52 台。
(2)上海宇龙仿真软件 V4.8.20100908 版(50 节点)。

四、实验原理

根据零件形状、尺寸、精度和表面粗糙度等技术要求制定加工工艺,选择加工参数。通过手工编程或利用 CAM 软件自动编程,将编好的加工程序输入到控制器。控制器对加工程序处理后,向伺服装置传送指令。伺服装置向伺服电机发出控制信号。主轴电机使刀具旋转,X、Y 和 Z 向的伺服电机控制刀具和工件按一定的轨迹相对运动,从而实现工件的切削。

数控铣床主要由床身、铣头、纵向工作台、横向床鞍、升降台、电气控制系统等组成。能够完成基本的铣削、镗削、钻削、攻螺纹及自动工作循环等工作,可加工各种形状复杂的凸轮、样板及模具零件等。数控铣床的床身固定在底座上,用于安装和支承机床各部件,控制台上有彩色液晶显示器、机床操作按钮和各种开关及指示灯。纵向工作台、横向溜板安装在升降台上,通过纵向进给伺服电机、横向进给伺服电机和垂直升降进给伺服电机的驱动,完成 X、Y、Z 坐标的进给。电器柜安装在床身立柱的后面,其中装有电器控制部分。

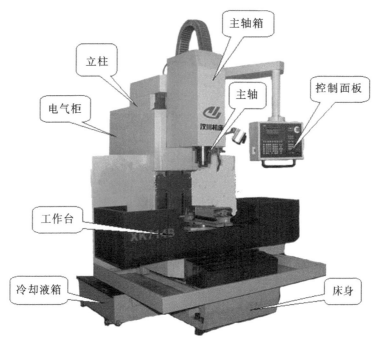

图 7-1 数控铣床的组成

五、实训内容

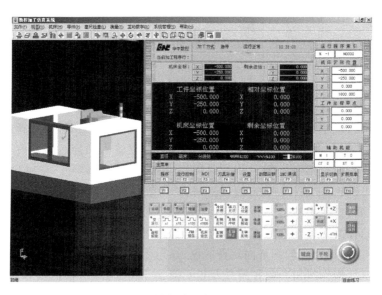

图 7-2 数控仿真软件铣削加工界面

六、实验步骤

1. 进入系统

依次点击"开始"→"程序"→"数控加工仿真系统"→"数控加工仿真系统"或者点击桌面上 ,系统将弹出如下图所示的"用户登录"界面:

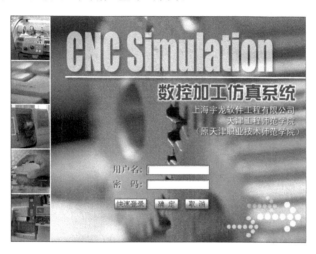

图7-3 数控加工仿真系统登录界面

然后点击快速登陆即可进入到数控加工仿真系统。

2. 选择机床类型

打开菜单"机床/选择机床…"或者在工具条上选择 ,在选择机床对话框中选择控制系统类型和相应的机床并按确定按钮,此时界面如图7-4所示。

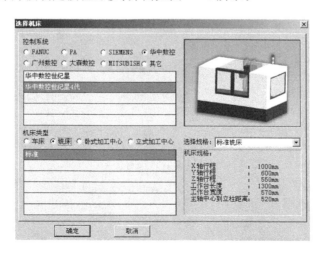

图7-4 机床选择

首先选择控制系统"华中数控",并从所有的华中系统中选择华中数控世纪星 4 代系统;接着选择机床的类型"铣床",机床只有一个标准。点击确定机床选择完成。所选的机床界面如图 7-5 所示。

图 7-5　所选机床操作界面

在机床位置点鼠标右键,打开下拉菜单中的"选项",如图 7-6 所示。
在打开的视图选项里面把"显示机床罩子"前的"√"取消掉,如图 7-7 所示。

 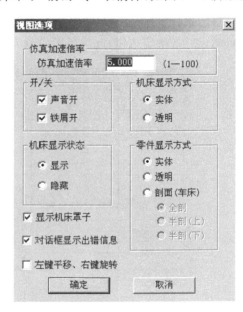

图 7-6　鼠标右键菜单　　　　图 7-7　视图选项

机床罩子取消掉以后机床的结构为如图7-8所示。

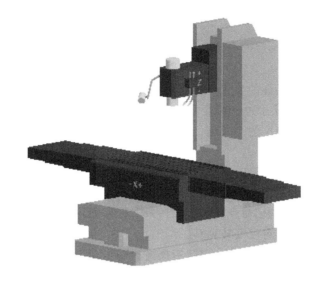

图7-8 去除机床罩子后

3.定义毛坯

打开菜单"零件/定义毛坯"或在工具条上选择" "，系统打开图7-9所示对话框。

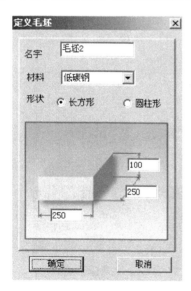

长方形毛坯定义　　　　　圆形毛坯定义

图7-9 选择毛坯

(1)名字输入

在毛坯名字输入框内输入毛坯名，也可以使用缺省值。

(2)设定毛坯的材料

系统共提供 5 种毛坯材料:低碳钢、不锈钢、铸铁、铝和 45♯钢。

(3)选择毛坯形状

铣床、加工中心有两种形状的毛坯供选择:长方形毛坯和圆柱形毛坯。

(4)参数输入

然后根据零件图设定毛坯的参数。尺寸输入框用于输入尺寸。

圆柱形毛坯直径的范围为 10 mm 至 160 mm,高的范围为 10 mm 至 280 mm。

长方形毛坯长和宽的范围为 10 mm 至 1000 mm,高的范围为 10 mm 至 200 mm。

最后点确定退出。

4.使用夹具

打开菜单"零件/安装夹具"命令或者在工具条上选择图标,系统将弹出"选择夹具"对话框。只有铣床和加工中心可以安装夹具。

在"选择零件"列表框中选毛坯。在"选择夹具"列表框中选夹具。

长方形零件可以使用工艺板或者平口钳;分别如图 7-10 和 7-11 所示。

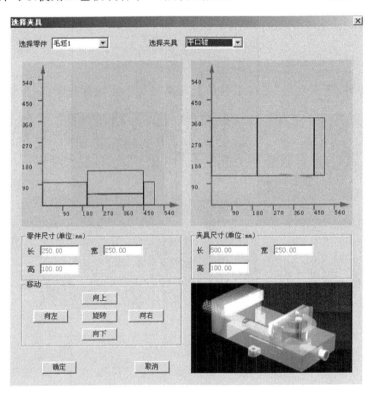

图 7-10 平口钳

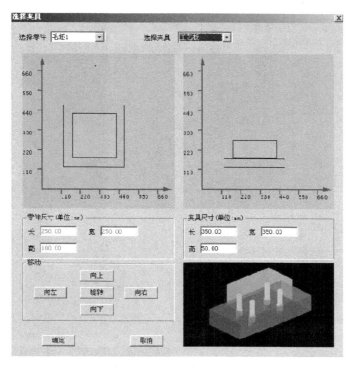

图 7-11 工艺板

圆柱形零件可以选择工艺板或者卡盘。如图 7-12 和 7-13 所示。

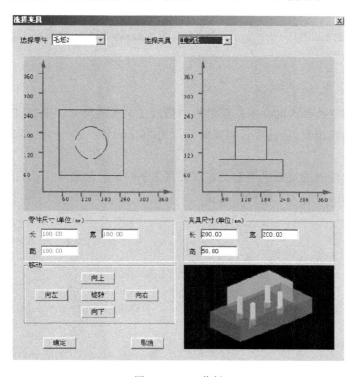

图 7-12 工艺板

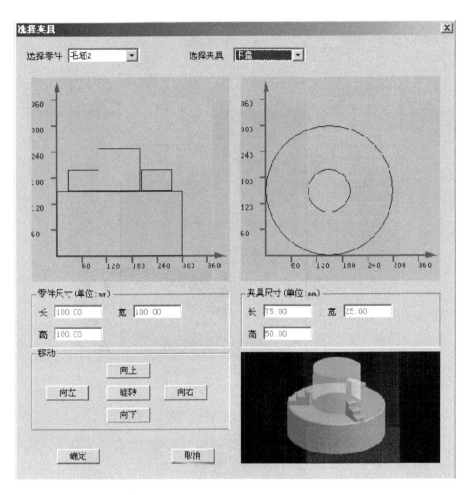

图 7-13 三爪卡盘

"夹具尺寸"成组控件内的文本框仅供用户修改工艺板的尺寸。平口钳和卡盘的尺寸由系统根据毛坯尺寸给出定值；工艺板长和宽的范围为 50 mm 至 1000 mm，高的范围为 10 mm 至 100 mm。

"移动"成组控件内的按钮供调整毛坯在夹具上的位置。注意加工凸台类零件的时候毛坯高出夹具上表面的高度应大于凸台的高度。

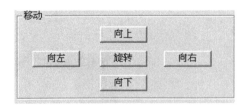

铣床和加工中心可以不使用夹具。

一般情况下我们应用的都是平口钳。

5. 放置零件

打开菜单"零件/放置零件"命令或者在工具条上选择图标 系统弹出操作对话框。如图 7-14 所示：

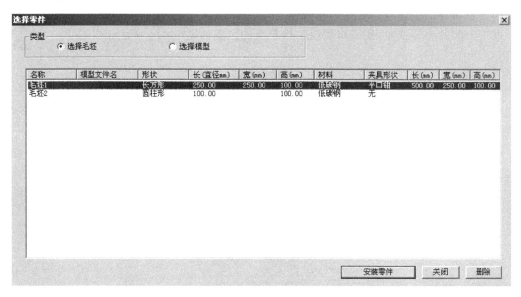

图 7-14 "选择零件"对话框

在列表中点击所需的零件,选中的零件信息加亮显示,按下"确定"按钮,系统自动关闭对话框,零件和夹具(如果已经选择了夹具)将被放到机床上。

图 7-15 零件放置

同时自动弹出小键盘，

点击中间的旋转按钮，使平口钳在工作台上的位置如图7-16所示。

图7-16 平口钳位置调整

然后调整 ⇧、⇩、⇦、⇨ 按钮，使夹具和毛坯处于工作台的合适位置。

完毕后点击小键盘上退出按钮即可。

6. 拆除零件

零件加工完毕或者零件装夹有错误，需先拆除零件再安装另一个零件。打开菜单"零件/拆除零件"即可完成拆除零件。

7. 铣床和加工中心选刀

(1) 按条件列出工具清单

筛选的条件是直径和类型：

①在"所需刀具直径"输入框内输入直径，如果不把直径作为筛选条件，请输入数字"0"。

②在"所需刀具类型"选择列表中选择刀具类型。可供选择的刀具类型有平底刀、平底带R刀、球头刀、钻头等。

③按下"确定"，符合条件的刀具在"可选刀具"列表中显示。

(2) 指定序号

铣床只能放置一把刀。对于加工中心，在对话框的下半部中指定序号(如图7-17)。这个序号就是刀库中的刀位号。**卧式加工中心允许同时选择20把刀具**；**立式加工中心允许同时选择24把刀具**。

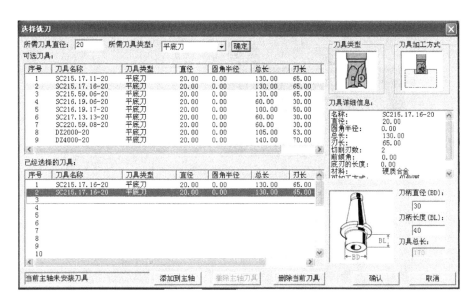

图 7-17 加工中心指定刀位号

(3) 选择需要的刀具

铣床只需在刀具列表中,用鼠标点击"可选刀具"列表中所需的刀具,选中的刀具显示在"已经选择刀具"列表中,按下"确定"完成刀具选择。所选刀具直接安装在主轴上。

卧式加工中心装载刀位号最小的刀具。其余刀具放在刀架上,通过程序调用。先用鼠标点击"已经选择刀具"列表中的刀位号,再用鼠标点击"可选刀具"列表中所需的刀具,选中的刀具对应显示在"已经选择刀具"列表中选中的刀位号所在行,按下"确定"完成刀具选择。刀位号最小的刀具被装在主轴上。

立式加工中心暂不装载刀具。刀具选择后放在刀架上。程序可调用。先用鼠标点击"已经选择刀具"列表中的刀位号,再用鼠标点击"可选刀具"列表中所需的刀具,选中的刀具对应显示在"已经选择刀具"列表中选中的刀位号所在行,按下"确定"完成刀具选择。刀具按选定的刀位号放置在刀架上。

(4) 输入刀柄参数

操作者可以按需要输入刀柄参数。参数有直径和长度两个。总长度是刀柄长度与刀具长度之和。

刀柄直径的范围为 0 mm 至 1000 mm;刀柄长度的范围为 0 mm 至 1000 mm。

(5) 删除当前刀具

按"删除当前刀具"键可删除此时"已选择的刀具"列表中光标停留的刀具。

(6) 确认选刀

选择完刀具,完成刀尖半径(钻头直径),刀具长度修改后,按"确认"键完成选刀,刀具被装在主轴上或按所选刀位号放置在刀架上;按"取消"键退出选刀操作。

8. 华中数控世纪星 4 代数控铣床操作

华中数控世纪星 4 代数控铣床操作界面如图 7-18 所示。

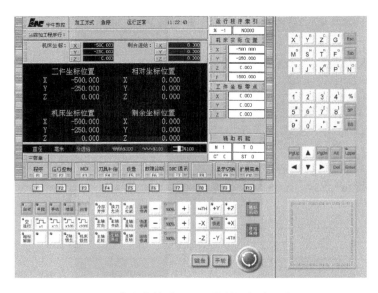

图 7-18 华中数控世纪星 4 代数控铣床操作界面

(1) 机床准备

① 激活机床

检查急停按钮是否松开至 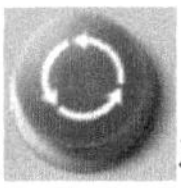 状态,若未松开,点击急停按钮 ,将其松开。

② 机床回参考点

检查操作面板上回零指示灯是否亮 ,若指示灯亮,则已进入回零模式;若指示灯不亮,则点击  按钮,使回零指示灯亮,转入回零模式。

在回零模式下,点击控制面板上的 +X 按钮,此时 X 轴将回零,CRT 上的 X 坐标变为 "0.000"。同样,分别再点击 +Y 、+Z ,可以将 Y、Z 轴回零。(车床只有 X,Z 轴)此时 CRT 界面如图 7-19 所示。

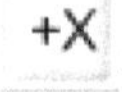

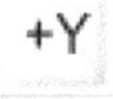

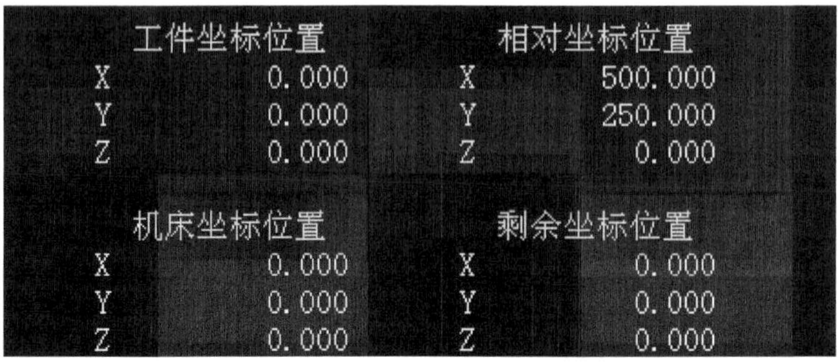

图 7-19 回零后 CRT 界面

(2)对刀

数控程序一般按工件坐标系编程,对刀的过程就是建立工件坐标系与机床坐标系之间关系的过程。

一般铣床及加工中心在 X,Y 方向对刀时使用的基准工具包括刚性靠棒和寻边器两种。

点击菜单"机床/基准工具…",弹出的基准工具对话框中,左边的是刚性靠棒基准工具,右边的是寻边器。

刚性靠棒(如图 7 - 20):

刚性靠棒采用检查塞尺松紧的方式对刀,具体过程如下(我们采用将零件放置在基准工具的左侧(正面视图)的方式)

X 轴方向对刀:

点击操作面板中 手动 切换到"手动"方式;

借助"视图"菜单中的动态旋转、动态放缩、动态平移等工具,利用操作面板上的按钮

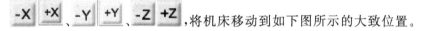、将机床移动到如下图所示的大致位置。

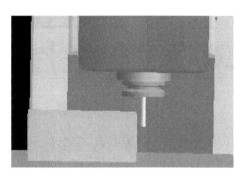

图 7 - 20 刚性靠棒

移动到大致位置后,可以采用点动方式移动机床,点击菜单"塞尺检查/1mm",使操作面板按钮 增量 亮起,通过 x1 x10 x100 x1000 调节操作面板上的倍率,移动靠棒,使得提示信息对话框显示"塞尺检查的结果:合适",如图 3 - 2 - 1 - 3 所示。(x1 x10 x100 x1000 表示点动的倍率,分别代表 0.001 mm,0.01 mm,0.1 mm,1 mm)

也可以采用手轮方式机床,点击菜单"塞尺检查/1 mm",点击 手轮 按钮,显示手轮,选择旋钮 和手轮移动量旋钮 ,调节手轮。使得提示信息对话框显示"塞尺检查的结果:合适"。如图 7 - 21 所示。

记下塞尺检查结果为"合适"时 CRT 界面中的 X 坐标值,此为基准工具中心的 X 坐标,记为 X_1;将定义毛坯数据时设定的零件的长度记为 X_2;将塞尺厚度记为 X_3;将基准工件直径记为 X_4(可在选择基准工具时读出)。

则工件上表面中心的 X 的坐标为基准工具中心的 X 的坐标加或者减(零件长度的一半加塞尺厚度加基准工具半径),结果记为 X。计算中选加还是减是根据方向来定的。

图7-21 刚性靠棒微调

Y方向对刀采用同样的方法。得到工件中心的Y坐标,记为Y。

注:使用点动方式移动机床时,手轮的选择旋钮需置于OFF档。

完成X,Y方向对刀后,点击菜单"塞尺检查/收回塞尺"将塞尺收回;点击操作面板中 手动 切换到"手动"方式;利用操作面板上的按钮 +Y ,将Z轴提起,再点击菜单"机床/拆除工具"拆除基准工具。

注:塞尺有各种不同尺寸,可以根据需要调用。本系统提供的赛尺尺寸有0.05 mm,0.1 mm,0.2 mm,1 mm,2 mm,3 mm,100 mm(量块)。

寻边器:

寻边器有固定端和测量端两部分组成。固定端由刀具夹头夹持在机床主轴上,中心线与主轴轴线重合。在测量时,主轴以400 rpm旋转。通过手动方式,使寻边器向工件基准面移动靠近,让测量端接触基准面。在测量端未接触工件时,固定端与测量端的中心线不重合,两者呈偏心状态。当测量端与工件接触后,偏心距减小,这时使用点动方式或手轮方式微调进给,寻边器继续向工件移动,偏心距逐渐减小。当测量端和固定端的中心线重合的瞬间,测量端会明显的偏出,出现明显的偏心状态。这是主轴中心位置距离工件基准面的距离等于测量端的半径。

X轴方向对刀:

点击操作面板中 +Z 切换到"手动"方式;

借助"视图"菜单中的动态旋转、动态放缩、动态平移等工具,利用操作面板上的按钮 手动 、+X、+Y,将机床移动到如图 3-2-1-2 所示的大致位置。

在手动状态下,点击操作面板上 +Z 或 主轴反转 按钮,使主轴转动。未与工件接触时,寻边器测量端大幅度晃动。

移动到大致位置后,可采用增量方式移动机床,使操作面板按钮 主轴正转 亮起,通过 增量 调节操作面板上的倍率,点击 ×1 ×10 ×100 ×1000 按钮,使寻边器测量端晃动幅度逐渐减小,直至固定端与测量端的中心线重合,如图 3-2-1-4 所示;若此时再进行增量或手轮方式的小幅度进给时,寻边器的测量端突然大幅度偏移,如图 3-2-1-5 所示。即认为此时寻边器与工件恰好吻合。

也可以采用手轮方式机床,点击 -X 按钮,显示手轮,点击鼠标左键或右键调整选择旋钮

手轮 和手轮移动量旋钮 ,并调节手轮 。寻边器晃动幅度逐渐减小,直至几乎不晃动,如图 7-22 所示,若此时再进行增量或手轮方式的小幅度进给时,寻边器突然大幅度偏移,如图 7-23 所示。即认为此时寻边器与工件恰好吻合。

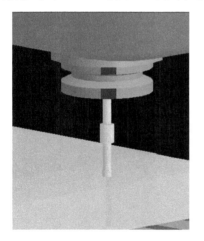
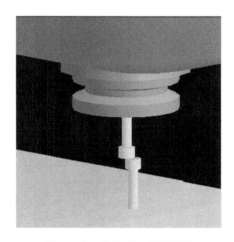

图 7-22 寻边器调整　　　　　图 7-23 寻边器大幅度偏移

记下寻边器与工件恰好吻合时 CRT 界面中的 X 坐标,此为基准工具中心的 X 坐标,记为 X_1;将定义毛坯数据时设定的零件的长度记为 X_2;将基准工件直径记为 X_3(可在选择基准工具时读出)。

则工件上表面中心的 X 的坐标为基准工具中心的 X 坐标—零件长度的一半—基准工具半径。即 $X_1 - X_2/2 - X_3/2$。结果记为 X。

Y 方向对刀采用同样的方法。得到工件中心的 Y 坐标,记为 Y。

完成 X,Y 方向对刀后,点击操作面板中 [手动] 切换到"手动"方式;利用操作面板上的按钮 [+Z],将 Z 轴提起,再点击菜单"机床/拆除工具"拆除基准工具。

注:使用点动方式移动机床时,手轮的选择旋钮需置于 OFF 档。

Z 轴对刀:

铣床对 Z 轴对刀时采用的是实际加工时所要使用的刀具。

塞尺检查法:

点击菜单"机床/选择刀具"或点击工具条上的小图标,选择所需刀具。

点击操作面板中 [手动] 切换到"手动"方式。

借助"视图"菜单中的动态旋转、动态放缩、动态平移等工具,利用操作面板上的按钮 [-X] [+X] [-Y] [+Y] [-Z] [+Z],将机床移动到如图 7-24 所示的大致位置,即刀具在工件的正上方的某个位置。

类似在 X,Y 方向对刀的方法进行塞尺检查,得到"塞尺检查:合适"时 Z 的坐标值,记为 Z_1,如图 7-25 所示。则工件中心的 Z 坐标值为 Z_1 减塞尺厚度。得到工件表面一点处 Z 的坐标值,记为 Z。

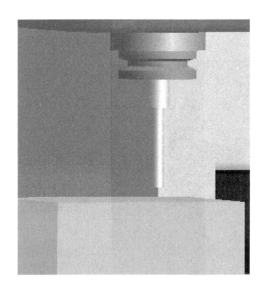

图 7-24　刀具调整的大致位置

图 7-25 刀具与塞尺微调至合适

点击扩展菜单下的"设置"按钮，

选择"坐标系设定"，

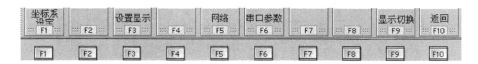

将所得到的 X、Y、Z 的数值输入到 G54～G59 任意一个下面,系统默认的是 G54。

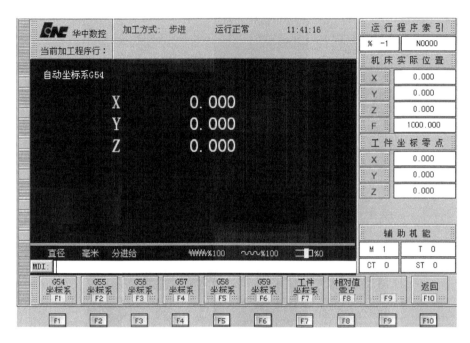

图7-26 坐标系G54界面

例如：

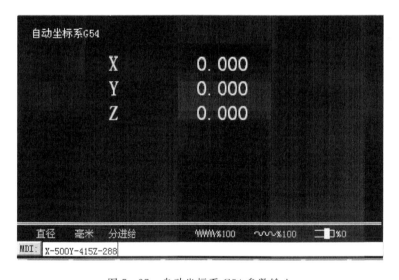

图7-27 自动坐标系G54参数输入

输入以后点回车结果如下：

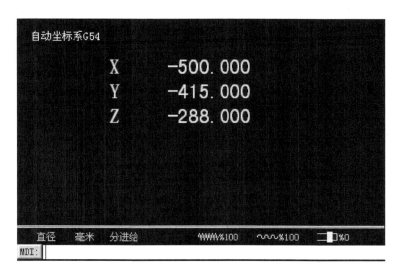

图 7-28 自动坐标系 G54 参数输入结果

对刀结束。

(3)设置铣床及加工中心刀具补偿参数

在扩展菜单下点击"刀具补偿"按钮,然后选择刀补表,

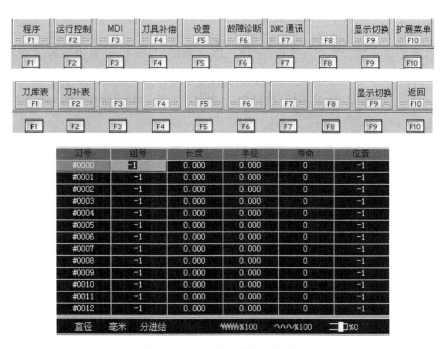

图 7-29 刀具补偿参数设定

用 ▲ ▼ ◀ ▶ 以及 PgUp PgDn 将光标移到对应刀号的半径栏中,按 Enter 键后,此栏可以输入字符,可通过控制面板上的 MDI 键盘根据需要输入刀具半径补偿值。

修改完毕,按 Enter 键确认;确认之前按 Esc 键则取消输入的参数。

(4) 手动加工零件

①手动/连续方式

点击 手动 按钮,切换机床进入手动模式。

按住 X,Y,Z 的控制按钮 -X +X、-Y +Y、-Z +Z,迅速准确地将机床移动到指定位置,根据需要加工零件,点击 主轴正转 主轴停止 主轴反转 按钮,来控制主轴的转动、停止。

注:刀具切削零件时,主轴需转动。加工过程中刀具与零件发生非正常碰撞后(非正常碰撞包括车刀的刀柄与零件发生碰撞;铣刀与夹具发生碰撞等),系统弹出警告对话框,同时主轴自动停止转动,调整到适当位置,继续加工时需再次点击 主轴反转 或 主轴正转 按钮,使主轴重新转动。

②手动/增量方式

在手动/连续加工(参见 3.4.1"手动/连续加工")或在对刀(参见 3.2"对刀"),需精确调节机床时,可用增量方式调节机床。

可以用点动方式精确控制机床移动,点击增量按钮 增量,切换机床进入增量模式,x1 x10 x100 x1000 表示点动的倍率,分别代表 0.001 mm,0.01 mm,0.1 mm,1 mm,同样也是配合移动按钮 -X +X、-Y +Y、-Z +Z 来移动机床,也可采用手轮方式精确控制机床移动,点击 手轮 按钮,显示手轮,选择旋钮 和手轮移动量旋钮 ,调节手轮,进行微调使机床移动达到精确。

点击 主轴正转 主轴停止 主轴反转 按钮,来控制主轴的转动、停止。

注:使用点动方式移动机床时,手轮的选择旋钮 需置于 OFF 挡。

(5) 数控程序处理

①新建程序

在"扩展菜单"下点击"程序":

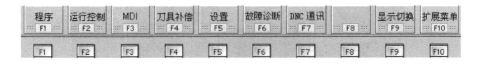

点"程序编辑":

输入程序名：

程序名输入以后点回车就进入了程序编辑状态，就可以将你所编辑的程序输入到数控系统中了。

②选择磁盘程序

在"扩展菜单"下点击"程序"：

点"程序选择"：

将光标移动到所需要的程序，该程序会显示为蓝色，点击回车即可。

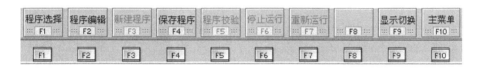

③程序编辑

选择了一个需要编辑的程序后，在"正文"显示模式下，可根据需要对程序进行插入，删除，查找替换等编辑操作。

移动光标　选定了需要编辑的程序，光标停留在程序首行首字符前，点击方位键

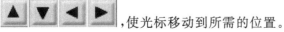，使光标移动到所需的位置。

插入字符　将光标移到所需位置，点击控制面板上的 MDI 键盘，可将所需的字符插在光标所在位置。

删除字符　在光标停留处,点击 ![BS] 按钮,可删除光标前的一个字符;点击 ![Del] 按钮,可删除光标后的一个字符;按软键 ![删除一行 F6],可删除当前光标所在行。

④保存程序

编辑好的程序需要进行保存或另存为(保存的时候输入新文件名即可)操作,以便再次调用。

保存文件　对数控程序作了修改后,软键"保存文件"变亮,按软键 ![保存文件 F4],点击回车 ![Enter]。

(6)自动加工方式

首先选择好所用的程序,同时选择自动方式,也可以选择单段方式(单段方式为点击一次循环启动只运行一个程序段)。

①察看轨迹

在自动加工模式下,选择了一个数控程序后, ![程序校验 F5] 软键变亮,点击控制面板上的 ![程序校验 F5] 软键。

此时点击操作面板上的运行控制按钮 ![循环启动],即可观察程序的运行轨迹,还可通过"视图"菜单中的动态旋转、动态放缩、动态平移等方式对运行轨迹进行全方位的动态观察。

注:红线代表刀具快速移动的轨迹,绿线代表刀具正常移动的轨迹。

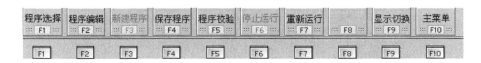

②加工

程序校验没有问题后再点击一次 ![程序校验 F5] 即退出程序校验状态,之后点 ![重新运行 F7],提示:

![程序: 是否重新开始执行Y/N?(Y)]

,点击键盘上的 Y 键即可,最后点 ![循环启动] 数控机床就开始加工。

七、注意事项

(1)严格按照数控铣床操作步骤进行实训。

(2)数控铣床通电后要先回零再进行其他操作。
(3)三维视图转换观察对刀时要看清坐标平面。
(4)毛坯的设定、刀具的选择。
(5)程序的输入和修改必须是在编辑状态下进行。
(6)对刀操作步骤及参数输入。

八、实训思考

(1)工件坐标系设定原理?
(2)刀具补偿产生的原因及如何设定刀具补偿参数?

九、实训报告要求

本次实训报告中应包含以下内容:
(1)上海宇龙仿真软件关于数控车削加工机床的使用。
(2)通过本次实训有哪些收获和体会。

实训八 凸台类零件仿真加工实训

指导老师_____ 班级_____ 学生姓名_____ 学号_____

一、实训目的

(1)能够熟悉熟练应用数控加工仿真软件。
(2)能够编制根据自己所学知识编写出典型零件的加工程序。
(3)能够利用电脑基本功能抓出走刀路线和仿真加工结果图图形。

二、预习要求

预习"数控机床与应用"课程中的有关凸台零件的走刀路线设计,并对实验前预先所给零件图纸编写数控铣加工程序。

三、实训仪器

(1)联想电脑(启天 M430E)52 台。
(2)上海宇龙仿真软件 V4.8.20100908 版(50 节点)。

四、实验原理

1. 建立径向刀补

建立径向刀补如图 8-1 所示。

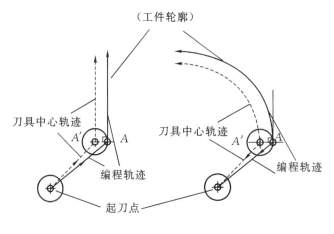

图 8-1 建立径向刀补

建立径向刀补如图 8-1 所示。

2. 尖角过渡

尖角过渡如图 8-2 所示。

3. 撤销刀补

撤销刀补如图 8-3 所示。

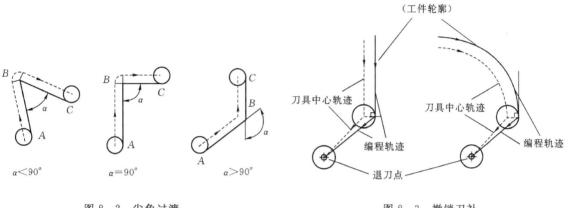

图 8-2 尖角过渡　　　　　　　　图 8-3 撤销刀补

五、实训内容

外轮廓加工。任务零件如图 8-4 和图 8-5 所示。

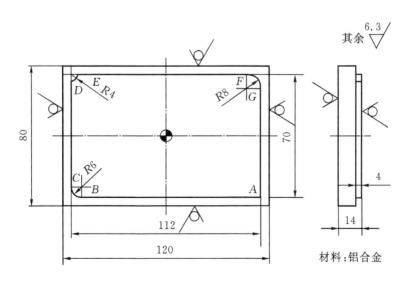

图 8-4 任务零件图

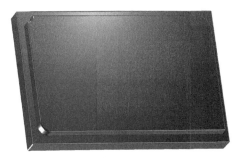

图 8-5　任务零件外形图

六、实验步骤

(1)分析本次实训任务零件图；
(2)制定本次实训任务的数控加工工艺,并填写工艺卡片；
(3)编制本次实训任务的加工程序；
(4)仿真软件操作,实现本次实训任务的仿真加工；
(5)对加工出的零件进行测量；
(6)根据测量结果和本次实训任务的零件图比较,分析出现的问题和做的好的地方。

七、注意事项

(1)下刀点及抬刀点位置的确定。
(2)对刀视图平面的转换。
(3)刀具补偿参数的输入。
(4)加工之前一定要进行程序检验。

八、实训思考

(1)刀具规格如何确定。
(2)切向切入切向切出的原因。

九、实训报告要求

本次实训报告中应包含以下内容：
(1)本次实训任务的数控工序卡及数控刀具卡。
(2)编制的本次实训任务的加工程序。
(3)本次实训任务的走刀路线图。
(4)本次实训任务的仿真加工结果图。
(5)通过本次实训有哪些收获和体会。

实训九 槽类零件仿真加工实训

指导老师_____ 班级_____ 学生姓名_____ 学号_____

一、实训目的

(1)能够熟悉熟练应用数控加工仿真软件。
(2)能够编制根据自己所学知识编写出典型零件的加工程序。
(3)能够利用电脑基本功能抓出走刀路线和仿真加工结果图图形。

二、预习要求

预习《数控机床与应用》课程中的有关槽类零件加工走刀路线的设计,并对实验前预先所给零件图纸编写数控铣加工程序。

三、实训仪器

(1)联想电脑(启天 M430E)52 台。
(2)上海宇龙仿真软件 V4.8.20100908 版(50 节点)。

四、实验原理

1. 建立径向刀补

建立径向刀补,如图 9-1 所示。

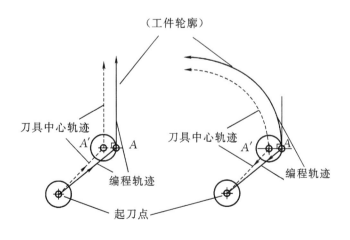

图 9-1 建立径向刀补

2. 尖角过渡

尖角过渡如图9-2所示。

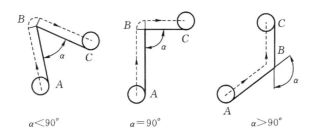

图9-2 尖角过渡

3. 撤销刀补

撤销刀补如图9-3所示。

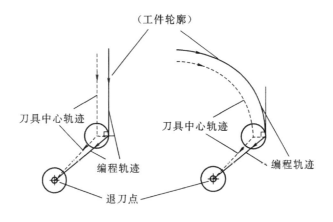

图9-3 撤销刀补

五、实训内容

型腔加工。任务零件如图9-4和图9-5所示。

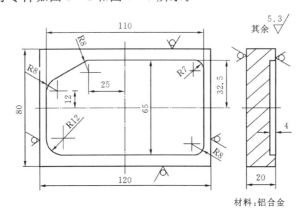

材料：铝合金

图9-4 任务零件图

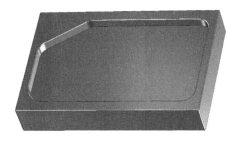

图 9-5 任务零件外形图

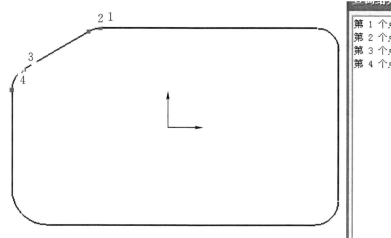

图 9-6 任务坐标图与查询结果

六、实验步骤

(1)分析本次实训任务零件图;
(2)制定本次实训任务的数控加工工艺,并填写工艺卡片;
(3)编制本次实训任务的加工程序;
(4)仿真软件操作,实现本次实训任务的仿真加工;
(5)对加工出的零件进行测量;
(6)根据测量结果和本次实训任务的零件图比较,分析出现的问题和做的好的地方。

七、注意事项

(1)下刀点及抬刀点位置的确定。
(2)对刀视图平面的转换。
(3)刀具补偿参数的输入。
(4)加工之前一定要进行程序检验。

八、实训思考

(1)走刀路线设定原则。
(2)精加工切向切入点如何选择最合理。

九、实训报告要求

本次实训报告中应包含以下内容：
(1)本次实训任务的数控工序卡及数控刀具卡。
(2)编制的本次实训任务的加工程序。
(3)本次实训任务的走刀路线图。
(4)本次实训任务的仿真加工结果图。
(5)通过本次实训有哪些收获和体会。

实训十 孔类零件仿真加工实训

指导老师_____ 班级_____ 学生姓名_____ 学号_____

一、实训目的

(1)能够熟悉熟练应用数控加工仿真软件。
(2)能够编制根据自己所学知识编写出典型零件的加工程序。
(3)能够利用电脑基本功能抓出走刀路线和仿真加工结果图图形。

二、预习要求

预习《数控机床与应用》课程中的有关孔类零件加工走刀路线的设计,掌握常规孔加工指令的应用,并对实验前预先所给零件图纸编写数控铣加工程序。

三、实训仪器

(1)联想电脑(启天 M430E)52 台。
(2)上海宇龙仿真软件 V4.8.20100908 版(50 节点)。

四、实验原理

1. 孔加工固定循环指令 6 个动作及经过平面。
2. 钻孔循环指令 G81。
格式:G98/G99 G81 X_Y_Z_R_F_K_;

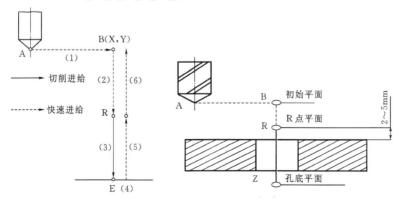

图 10-1 平面

五、实训内容

孔系加工：

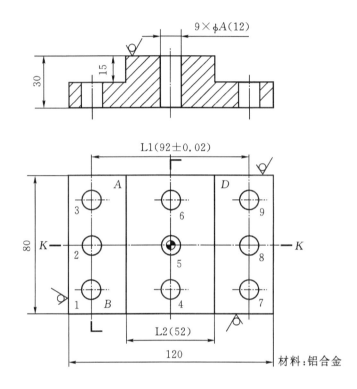

图 10-2 孔系加工零件图

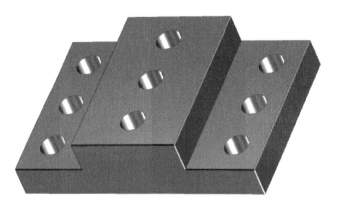

图 10-3 孔系加工零件外形图

六、实验步骤

(1)分析本次实训任务零件图；

(2)制定本次实训任务的数控加工工艺,并填写工艺卡片;
(3)编制本次实训任务的加工程序;
(4)仿真软件操作,实现本次实训任务的仿真加工;
(5)对加工出的零件进行测量;
(6)根据测量结果和本次实训任务的零件图比较,分析出现的问题和做的好的地方。

七、注意事项

(1)R 平面的设定及 G98、G99 指令的应用。
(2)孔加工指令 G81 参数的设定。
(3)有面有孔零件加工顺序。
(4)加工之前一定要进行程序检验。

八、实训思考

(1)孔加工固定循环指令如何选择。
(2)孔加工走刀路线如何设计。

九、实训报告要求

本次实训报告中应包含以下内容:
(1)本次实训任务的数控工序卡及数控刀具卡。
(2)编制的本次实训任务的加工程序。
(3)本次实训任务的走刀路线图。
(4)本次实训任务的仿真加工结果图。
(5)通过本次实训有哪些收获和体会。

实训十一　自由练习实训

指导老师_____　班级_____　学生姓名_____　学号_____

一、实训目的

通过本次实训让学生将所学知识进行回顾总结,将数控车削和数控铣削加工相关知识未完成工作做完。

二、实训仪器

(1)联想电脑(启天 M430E)52 台。
(2)上海宇龙仿真软件 V4.8.20100908 版(50 节点)。

三、实训内容

(1)将前面未完成的内容继续完成;
(2)将前面完成任务进行整理;
(3)可利用这两个小时自己再次练习前面练习中比较薄弱的环节。

四、注意事项

本次实训报告中应包含以下内容:
(1)对该实训专用周期间出现的问题要进行总结。
(2)检查该实训专用周期间所做的任务,未完成的要及时完成;重新检查程序的完整性和正确性;重新检查对刀及参数设置是否正确。

实训报告

班　级_____ 姓名_____ 学号_____ 指导老师_____

实训地点	
实训操作步骤	

实训总结	
教师评语与成绩评定	

参考文献

[1] 张丽华.数控编程与加工技术[M].大连:大连理工大学出版社,2004.
[2] 嵇宁.数控加工编程与操作[M].北京:高等教育出版社,2008.
[3] 马金平,等.数控加工工艺项目化教程[M].大连:大连理工大学出版社,2004.
[4] 赵萍.数控机床与加工仿真技术[M].北京:国防工业出版社,2008.